世界园林、建筑与景观丛书

环境小品

薛健环境艺术设计研究所

薛 健 著

中国建筑工业出版社

图书在版编目（CIP）数据

环境小品 / 薛健著. －北京：中国建筑工业出版社，2003

（世界园林、建筑与景观丛书）

ISBN 7-112-05603-9

Ⅰ.环… Ⅱ.薛… Ⅲ.园林小品－建筑设计：环境设计－世界－图集 Ⅳ.TU986.4-64

中国版本图书馆CIP数据核字（2002）第104196号

本书工作人员

李 扬	蔡长海	薛 原
付淑珍	胡树森	吴力克
刘 阳	辛 华	江 宏

图片摄影 薛 健
版式设计 薛 健

世界园林、建筑与景观丛书
环 境 小 品
薛健环境艺术设计研究所
薛 健 著

中国建筑工业出版社出版、发行（北京西郊百万庄）
新华书店经销
制版：北京利丰雅高长城印刷有限公司
印刷：利丰雅高印刷（深圳）有限公司

开本：880×1230毫米 1/16
印张：14¼ 字数：442千字
版次：2003年12月第一版
印次：2003年12月第一次印刷
定价：136.00元
ISBN 7-112-05603-9
TU·4922(11221)

版权所有 翻印必究
如有印装质量问题，可寄本社退换
（邮政编码100037）
本社网址：http://www.china-abp.com.cn
网上书店：http://www.china-building.com.cn

薛健 1960年1月生，江苏徐州人。著名设计师、建筑艺术作家、出色的摄影家。现为薛健环境艺术设计研究所主持人，兼任中国矿业大学工业设计系教授、山东建筑工程学院艺术设计系教授。

20多年来，他一直从事建筑和环境艺术理论与实践的研究，先后编著出版了《居室装饰指南》和《装修构造与作法》。1993年受中国建筑工业出版社委托，主编了我国环境艺术设计领域第一部百科全书《装饰装修设计全书》；1995年主持编写了装饰装修指导性工具书《装饰工程手册》和《室内外设计资料集》、《装修设计与施工》等；并相继完成了《易居精舍》、《国外建筑入口环境》、《世界城市广场》和《国外室内外设计丛书》等10余部专著。主持设计并施工完成了数十项大型工程项目，部分被评为优质工程和样板工程。其中主要设计作品有：北京长城饭店分店装修、北京亚运村宾馆装修设计、中国国际贸易中心商场装修设计、金谷大厦装修设计、江苏银河乐园舞厅和商场装修设计、江苏副食品大楼室内外装修设计等。

本丛书刊载的2000余幅园林、建筑与景观作品，是作者经历二年多、走遍20多个国家亲自考察拍摄的。作品不仅题材全面、内容丰富，而且反映了不同国家和民族新颖巧妙的设计艺术风格，为广大环境艺术设计者提供了宝贵的资料。

自 序

这套丛书的酝酿、创作缘于一个小宅园,从准备、拍摄到写作已有七、八年的时间了。

在20世纪90年代中期,我从北京回到家乡居住。一个朋友为帮助我解决住房问题,便给我推荐了一个距中国矿业大学仅几百米之遥的住宅小区。这是乡、村联合开发的小住宅区,为纵三列、横七排布局,共有21幢两层的独院式住宅。我去时,前六排楼的主体已经立起,只剩下两幢已打好地基而没有砌砖。我很感兴趣,凭着设计师的本能,我立即找到负责人,要求买下未盖的一幢楼及其空地,自己设计、盖房。最终在楼体外观不能作大改动的前提下,他们答应了我的要求。我于是开始了长达一年时间的建房造园活动。虽然大框架已被限定,工作也非常辛苦,但我心里是充实而愉悦的,我在实践着自己的夙愿。之前常听说欧美的设计师在构筑自己的住房时,大多都对建筑设计、花园布置、室内装修、家具样式进行独立创作。这对当时的中国设计师来说,无疑是个难圆之梦。在北京,找一处公寓栖身并不困难,但要弄块地去规划自己心中的房舍园林,却绝非易事。况且,我已离家在外拼搏多年,想寻找一块远离大都市繁华、喧嚣的安静之地,沉下心来读些书、写点东西,回家乡当然也就成了我最好的选择了。

我着手装饰布置房子时,天已凉了许多。那年冬季又来得特别早,但我仍做好准备连续作战,不仅搞室内装饰,还同时规划园景。小区处在城郊的风景区内,三面都被绿油油的农田环绕,远处还有绵延起伏的泉山森林公园,因而颇有些田园雅舍的景致氛围。于是我下决心营造一个相对独立、又与外环境相融和的住宅。一句话,我要建立一个能满足现代生活的"陋室",一个"苔痕上阶绿,草色入帘青"的宅园。摒弃浮躁的时尚、豪华,在淳朴与厚重中体味单纯的心境与舒适的生活是我的原则,我对宅园的建筑和园林的设计、取材、用料都遵循着这一理念。用材方面不仅全部采用自然材料,而且尽可能就地取材。一天,我散步的时候来到泉山公园的东坡,发现有座废弃的采石厂,野草丛生,在那片片蔓草覆盖的乱石堆中,我看到裸露出的一层层土黄色的岩板石,这正是装饰和造园的好材料。我叫来了看场的几个民工,付给他们100元的报酬,让他们用钢撬一层层地撬下来,装满了一卡车运了回来。我还曾无意中在山上发现了一片竹林,几片果林,为将来宅园内移植花木找到了部分来源。房屋的装饰用材也极简单,买了几方白松、红松和水曲柳的板材,装修和家具基本上是用这些实木手工制作。地面用的全部是天然石材,那是在一家熟悉的石材厂买下的一堆下脚料,然后以材下料,裁切成大小不一的几种规格,再根据房间情况随形依色按石材纹理拼贴,既自然亲切,又不失天然石材的美感。

如何在一块不足100平方米的土地上造园,是我最关心又最为难的。自打上世纪80年代初从事设计工作以来,主要做的是建筑与室内设计,虽然很多设计项目中也包括园林绿化的内容,例如室内绿化、环境小品、室外花园等,对园林也有一定的了解,但这毕竟不是主项,也不是强项,对我来说充其量只能算作"副业";不过,我却对造园艺术愈来愈感兴趣。现在轮到我为自己造园子了。我面对的屋前这块宅园地,地形狭长,宽仅7米,而长却有17米,不但比例极不协调,而且周围被建筑和院墙束缚。于是我果断地将其一分为二,在纵长线的9.5米处用园墙隔开(见图1),形成了一大一小,一前一后的两个花园,设计上再让两园既有区别又有联系,相互辉映(见图2、图3)。园子虽小,我却极为珍惜。因为世界上的人越来越多,这样的地块也越来越少了。于是我就用造大园林、动大工程的心绪来对待它了,从平面空间布局到植物品种的选择、搭配,我都进行了缜密的考虑与推敲,追求整体的和谐和完美,继而再把设想变为现实,在这块宅基地上建起我的花园。

在建园的过程中,我愈来愈感觉到积累了二十多年的所谓"经验",并不能直接派上用场,几年来熟读的造园史和园林艺术的规则与设计方法等不仅不能即刻生效,反而束缚了我的设计、构思。苦恼了一阵后,我索性丢掉一切，结果心情轻松多了，思绪也简单多了。一位日本造园家朴素而中肯的话使我找到了切入点。他是这样劝导造园者的："开始的时候更多考虑的是布局。但一定要研究以往大师的杰作，回忆你知道的漂亮地方，然后，在选定的地方让回忆说话，让你的激情流露，把最感动的东西融入自己的构建之中。"说句实在的，漂亮不难做到，使人感动就不那么简单了，而融入则更是一次升华和创造。这就使我对以往自己对"园"的概念的理解进行了彻底的修正。长期以来，我只不过把"园"看作是供人欣赏和游玩的场所而已，忽略了它还包蕴着设计者的激情，还有让人感动的成分。难怪人们总将"园"这个字与最典雅、最美好的东西连在一起。培根说全能的上帝为世上造了第一个花园，它是人类一切乐事中最美好纯洁的。基督教认为，在世上还没有罪孽之前，人类的祖先就是住在上帝培植的"伊甸园"里的。《旧约·创世纪》是这样描绘的："各样的树从地里长出来，可以悦人的眼目，树上的果子好做食物……。"《古兰经》里记述的真主"所许给众信徒的天园情形是：诸河流于其中，果实常年不断……。"再来看看佛教的"极乐世界"，"于惟净土，既丽且庄，琪路异色，林沼焜煌……玲珑宝树，因风发响，愿游彼国，晨翘暮想"（见《阿弥陀佛铭》）。

原来"园"就是人们最向往的理想之地，是美好与圣洁的象征，是神和先知描绘的令世人憧憬并渴望到里面去过无忧无虑逍遥日子的天堂。"天堂"一词在古波斯文的意思就是"豪华的花园"。上帝也罢，真主、佛祖也好，他们造的天堂花园在我们去"天堂"之前是看不到的，但人世间帝王们所造的"人间天堂"——皇家园林，我们是熟悉的。从中国的阿房宫、颐和园到巴比伦的空中花园，法兰西的凡尔赛宫，不一而论。东方的帝王幻想长生不老，想要仿造出神仙居住的仙境，于是在中国，从汉代到清朝长达两千年的时间里，所造的园林大部分都仿造方丈、蓬莱、瀛洲三岛，以摹拟出东海的所谓神仙的境界。而欧罗巴的君王则向往上帝和诸神的天国，将他们心目中的天堂更具体化、形象化，这些都清晰地表现在众多欧洲园林的构建和表现形式中。可以这么说，皇家的和私家的花园，就是造在地上的天堂。

至此，我们可以说"园"是造出的一处最理想的生活场所。但对于人们所建的这个理想之所，上帝并没有给出一个既定的模型，为什么没给，我想可能是上帝怕千篇一律让人们生厌，于是我们这些造园人便有幸成为了上帝的造园之手。但我知道仅仅熟知花卉植物和造园的方法技巧，造出一个一般人看了感到赏心悦目的花园，是没有意义的，因为那只是提供了美观的植物、山石和花园，而与人类的心灵无关，一个缺少内在精神的花园是不会久存的。因为"建筑首先是精神的蔽所，其次才是身躯的蔽所。"真正意义上的建筑、园林，其价值远远高于它本身。在中国古代，晋陶渊明独爱菊，宋周敦颐钟情于莲，他们赞美的不单是这两种花卉的美感、实用，更看重它们本身包蕴的精神内涵，揭示出植物除了美感之外更是一种象征，一种表达人类精神情感的象征。苏东坡的"宁可食无肉，不可居无竹"，林和靖"以梅为妻，以鹤作子"道出了真君子对植物寄托的深沉心志和对植物环境的依恋。这样借助植物来隐喻人格、寄托追求，更直接地表达出了对崇高境界的向往，是一种纯洁、文雅、高尚的心理状态。我没有这些文人志士的境界，只不过想躲进一个相对安定、宁静的角隅，远离世风日下的闹市，即便做不了什么大学问，在自己一手建造的"天堂"里，走自己的路，做自己想做的事，总算无愧我心。

在我很仔细地推敲园子的整体构思时，首先考虑的是我的这个小花园若要成为佳园而必须满足的那些条件。对植物的选用，我更注重常绿品种，以保证四季分明的户外都有草色绿叶。在面对窗子的花园另一边沿墙簇栽了丛林式的竹子，不仅长青，而且遮挡了院墙，再加上棕榈、桂花、玉兰、金银花和长青藤，即使在萧疏的冬日也是绿色盈园。此外，我天性喜水，因而园内有水成了重中之重。一个偶然的机会认识了一位研究《周易》的朋友，这位老兄很认真地测了我的生辰八字，说我五行中水不旺，因而喜水。我无法验证他讲的是否正确，但他说的与我性情是相符的。不仅如此，中国传统风水理论就有"曲水环宅，屈曲有情"之说，《水龙经·论形局》则有描写水与地形关系的："水见三弯，福寿安闲。屈曲来朝，荣华富饶。"总之，这些更增强了我在园中重点表现水景，建一个完整的理水系统的信心。我用两条相互呼应的曲线来统领全园，一条是从入口处开始曲曲弯弯通向宅园幽深处的主园路（图4）；另一条则是发源于前花园竹林下的小溪，它就像泉水从地里涌出一样，穿过小路，经过小桥，一折三弯从房前流过，一直通往后花园（图5）。整个园子自然随形的平面便被这两条曲线划分了出来。一条旱园路成为园内主轴，一条水溪成了园中的灵魂。有人问及我造宅园的经验，我脱口而出："两条线而已"，常使听者愕然。其实，世间所有的所谓难事、大事，拨开繁复的表象不过一个要点几条线而已，抓住了要旨，其他细枝末节都好办。就拿凡尔赛花园来说吧，无论规模、气势它都够大的，而且内容丰富，手法变化也多，结构多穿插，风格多转换。这么庞大复杂的大园子，天才造园家勒诺特竟仅用一条主轴和几条横轴线就将大花园内式样各异、大小不同的无数个小林园完整地统一了起来。

我的花园被两条线特别是具有灵气的水溪贯穿了起来，但这只完成了土地平面上的布局，不仅毫无生气可言，更显平滞，缺少互补。大自然中的风景之所以优美协调，是因为自然力量通过对山、水、林的不断塑造与整合形成了一种极为和谐的互补关系。中国哲学认为，山挺且拔，喻阳；水曲而柔，曰阴。彼此互动，相依成形。于是，我就用从山上拉来的一大车片石在小溪汇入碧潭的上方，也就是在紧靠前后园隔离墙的地方叠起了一座陡石山。将碧潭池中的水引入石峰最高处的几层岩缝中，并由其顺势而下，形成了"引水飞泉，倾澜瀑布；或柱渚声溜，潺潺不断；竹柏荫于层石，绣薄丛于泉侧"（《水经注》）的山石、水景效果（图6）。溪水穿越石峰下的岩洞流向后花园时，则有"深溪洞壑，迤逦连接。穿池凿石，洞影月光"的韵味（图7）。这就如同一支有起伏、有高潮的乐曲。水流从平淌到跌落，在它转折的一瞬实现升华，尼亚加拉大瀑布那慑人心魄的轰鸣声，雄壮瑰丽的景观，让多少人为之赞叹！谁又曾想过，它曾是个普通而平缓的大河，但河水在转折点处变为竖流，却实现了由平庸到伟大的奋然一跃。由此，我想到了人生，所谓的英雄与普通大众的根本区别就在这一转折上。芸芸众生一辈子就这么平淌而过了，没有惊天动地的转折和升华，我不也是如此吗……

"居山水间者为上……而混迹尘市，要须门庭雅洁，室庐清靓。……又当种佳木怪箨，陈金石图书。种草花数茎于内，枝叶纷披，映阶傍砌。……或于乔松、修竹、岩洞、石室之下，地清境绝，更为雅称耳！"（《长物态》明·文震亨）。我们苟生于凡世之中，不可能到大自然中择山水而居，但像文震亨所说的那样有一个师造化、优雅而有意境的住宅环境，我已经做到了。不过，造了一个小花园，使我能沉下心来思考平时难以思考的问题，又使我领悟到了许多东西，我要谢谢这个小花园，不仅如此，还促使我对园林作了几年深入的探究，并萌生了要写园林景观方面的著作的想法。我打算先从国外园林入手，继而再将重心转入国内。自打有了这个念头，我就横下了心做准备，在没有落实出版问题的前提下，已两次动身去了欧洲和亚洲近20个国家考察拍摄、搜集资料。回国后，我埋头整理资料和图片，撰写编写大纲。这段工作，使一套较全面、系统的园林、景观丛书有了雏形。这时候已到了2001年，有两件大事值得一提，它们虽然与本丛书没有直接关系，但却使丛书更有了现实意义。一是我们的首都北京历经10年终于申奥成功了；二是这一年中国最终加入了WTO。一些敏锐的国际权威人士立即作出分析，说北京筹办2008年奥运会，必将带动市政、市容、道路景观和公园景园的大规模建设。而中国这么大的国家成为世界贸易组织成员国后，全国近200个中等以上城市都面临着改善投资环境、加强城市基础设施建设和改造的繁重任务。要建设就要向世界高水平看齐，特别是向在园林生态和城市景观已达到相当高的水平的西方国家借鉴学习。

有了这个大背景，更增添了我出书的信心，接下来就是设法找出版社。作者专业书稿，作者最大的愿望是找家专业出版社，而中国建筑工业出版社又与我合作多年，彼此不仅熟悉，而且相互信任。于是我就将选题的介绍、编写大纲寄给了出版社，很快就得到了选题审批下来的通知并让我将书稿的原创图片和部分样稿带到北京。他们看过以后非常满意，当下就签了出版合同。从2001年10月至次年的11月我又进行了长达一年多的埋头写作。为增强本丛书的可读性，我接受江苏一位作家的建议，一改专业性、知识性强的书往往忽略了文学性、可读性的这一通病，运用生动流畅的记述性文字，在专业论述为主的前提下，尽可能增强文学韵味。对某些分册、篇章则以散文、游记的形式出现，再加上生动精悍的图释文，力争使丛书以一个较新的面孔问世。

这本书是《世界园林、建筑与景观》丛书中的一个分册，您会在本册中看到数以百计的园林、建筑、雕塑和其他环境小品，通过清晰优美的图片领略一下它们的风采，不仅如此，我们还会从历史、文化、专业等方面多角度地进行介绍。"小品"一词原指文学的一种体裁，常指杂感、随笔之类的短小文章，又称小品文。要对"小品"二字追本塑源，当推公元4世纪的《小品般若》，这是我国最早翻译的一种佛经简译本。于是小品二字逐渐被用于文学，尔后又被用于戏剧和曲艺等领域，衍生出讽刺小品、历史小品、戏剧小品、戏曲小品等等。环境小品和园林小品属于小型装饰艺术品，起初主要是指园林中的小型建筑，如亭、廊、桥、榭之类，后来渐渐扩大到许多环境中的小型艺术造型，例如圆雕、浮雕、石艺石刻、壁画壁雕、花卉图案和造型等等。环境小品只所以发展迅速，为公众所乐见，全在于它特有的优势和生命力，其形态长存，不随季候变化，且类型多样、装饰性强，有些小品不仅容易使公众获得美感，而且含蓄隐喻，耐人寻味。考虑到不同的文化、时代、环境类型，本书所选作品是经过再三斟酌的，力求做到内容广泛而丰富。所选例子与章节不以地区而以类型归类。如园林小品、建筑小品、雕塑小品、水景小品、城市环境小品、石艺小品和室内小品等等。

下面大家将要看到的这些作品，不仅可作为赏心悦目的花束，而且也是极好的资料，让它们为我们自己的时代和自己的地方所用。更希望它能被当作矿脉供大家挖掘借鉴。但我们不应忘记艾略特在《圣林》中对人们的劝导："不成熟的诗人会模仿，成熟的诗人会偷窃；较差的诗人把别人的东西拿来毁掉，而优秀的诗人会使其变得更好，至少会使其不尽相同。"倘若大家能像后者那样取其要义和精髓，创作出有精神理念和时代风格、真正属于自己的作品，那将是作者和出版者最感欣慰的了。

薛健
2003年初春于古黄河畔

图1. 长17米、宽仅7米的宅园地,地形狭长。在纵长线9.5米处用园墙隔开,形成一大一小一前一后的两花园,不仅使两个花园比例趋于协调,而且相互辉映。

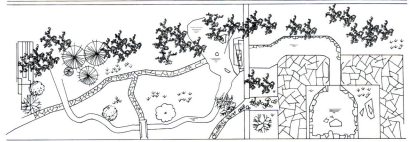

图2. 前花园完工后的平面鸟瞰效果。石铺小园路和曲曲弯弯的小溪成为两条相互呼应的曲线统领全园。

图3. 园路和小溪一直延伸到后花园,成为贯穿两园的主律和灵魂,使两园既有区别又有联系。

图4. 通向园内幽深处的石铺小园路。

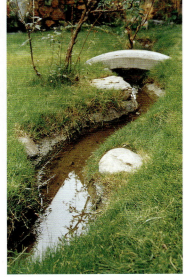

图5. 一折三弯、穿过小桥从房前流过的小溪。

图6. 由溪水引入石峰高处的几层岩缝中,顺势而下形成的瀑布落水景观。

图7. 溪水穿越石峰下的岩洞流向后花园时,形成了"穿池凿石,涧影月光"的效果。

目　录

1. 园林小品 1
2. 水景小品 41
3. 建筑小品 67
4. 雕塑小品 101
5. 城市环境小品 139
6. 石艺小品 165
7. 灯箱、招牌及灯柱 189
8. 室内小品 203

1 园林小品

1 园林小品

↑庭园中的小桥（马来西亚）

←↓休闲公园中的运动娱乐设施（马来西亚）

广场上的图纹花坛(马来西亚)

1 园林小品

↑公园中的休闲椅（马来西亚）

←花柏山顶上的雨树花坛（新加坡）

泰国式的园林小品

1 园林小品

↑玉佛寺大殿台基上的小佛塔,为石砌基座、铜制塔身(泰国)

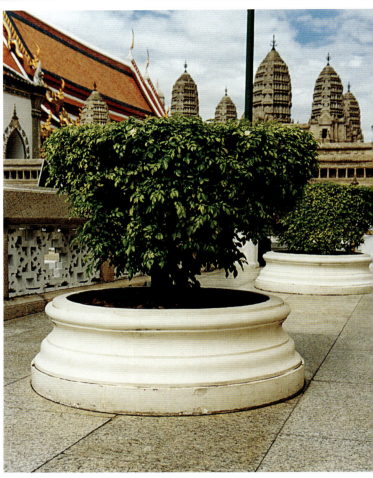

↑柱础式小花坛(泰国)

→玉佛寺大殿台基上富丽的花饰栏杆(泰国)

↑ 花境中的小红桥（泰国）

↑ 山坡上的几何形花坛（泰国）

↑ 树池花坛（泰国）

→ 泰国民居风格的木亭

1 园林小品

←以枯树干为主题的树池花坛（泰国）

↓巨伞一样的树冠与叠石组成的园林一景（泰国）

→泰国北部农村民居前宅园中的小花境

园林小品

以雕像为主题的园中小品(意大利)

←绿篱、红椅、白花坛围成的大花池（意大利）

↓用花饰铁柱组成的植物架，亮丽多彩，成为园区的中心（意大利）

1 园林小品

↑ 数百年的古树,虽已倒卧,但仍虬枝苍劲,成为园区天然的一景(奥地利)

↑ 园区沙池中的儿童大型玩具(奥地利)

→ 花坛正中置一鸟屋,亦是园中一景(奥地利)

←是雕塑，亦是自来水嘴，成为集装饰与实用于一体的环境小品（奥地利）

↓集滑梯、秋千和攀绳为一体的儿童娱乐设施，亦是园中一景（奥地利）

↑园中的木制桌椅（奥地利）

1 园林小品

↑既是运动器械,又是园中小品,与环境融为一体(德国)

→花池与木灯组成了素雅而有趣味的环境小品(德国)

↑形如蚕虫的天然圆木小品,表现了森林环境的风土和神韵(德国)

←圆木组合的象征小品(德国)

1 园林小品

↑园中的网架金属小品（德国）

↓木制秋千与木制滑梯组成的环境小品（德国）

↑→集攀爬和滑梯于一体的儿童娱乐设施。红黄蓝的三原色调组成了园区中的亮丽一景。（德国）

↑魔盘也成为园区的小品（德国）

→园区中的木制秋千和桌椅（德国）

1 园林小品

沙池中的儿童玩耍设施,色彩亮丽,造型别致(法国)

↑由尖顶敞亭和雕塑组成的园区小品（德国）

→旗杆、风叶和摇铃组成的花园小品（德国）

↓以半野生观赏类禾草为主题的园林小品（德国）

1 园林小品

↑以白色花坛为中心布置的花园小品（荷兰）

↑园区中的红色金属休息椅（荷兰）

↑用风车作为环境小品，呈现着浪漫的荷兰风情（荷兰）

↑ 几何形的图案花坛，娇艳优美（法国）

←↑ 大理石雕刻的园区休息凳（法国）

1 园林小品

↑石制的花台和长椅,与绿篱背景组成的园林小品(瑞士)

↓巴黎战神花园中的残垣断壁

↑用于健身、娱乐的转篮,也是园中的小品(瑞士)

←墨绿色的植物造型与红色长椅组成的环境小品（瑞士）

→园区中的长石凳（韩国）

↑花饰铸铁柱不仅具有围护作用，也成为园景的重要组成部分

←沿花池边连续布置的铸铁木椅，成为极富韵律感的环境小品

1 园林小品

→圣陶沙岛度假村景园中的大理石旱桥与兰花组成的小景（新加坡）

→圣陶沙岛度假村景园中以碎石块随形砌成的花坛式石桥小品

→圣陶沙岛度假村景园中爬满金银藤的木制林阴廊。

圣陶沙岛娱乐园高架轻轨列车站入口处的立体花坛景观

1 园林小品

↑公园中的木制廊架(韩国)

↑既是运动器械又是环境雕塑(韩国)

↑连续布置的木券架成为环境中的独特景观(韩国)

城市公园中的几个具有运动功能的环境小品（韩国）

1 园林小品

←既是景观介绍栏,又是环境小品(韩国)

↓济州岛一个公园中表现当地居民祭神的雕像和草亭(韩国)

以树木、草编和陶罐组成的环境小品，具有浓郁的韩国南部农村民俗和风情

1 园林小品

用大小坛罐等器皿与石头组成的环境小品,具有典型的民族和地方特色(韩国)

←左面两幅图为江苏省园艺博览会欧式园艺园中的花坛与坐椅

↓人居生态园中的圆木制作的花坛

1 园林小品

←密林小筑园区内的木制休息凉台

↑花卉园中的蘑菇造型

←用花卉贴植的园博会标志造型

人居生态园中的自然式砾石园路

1 园林小品

岩石园中的金属杆与绳网组成的环境小品

↑水生植物园静水湖面上的木制水上栈道

↑水生植物园内竹木制成的观望塔,造型精美,风格古朴

←水禽园湖中设置的木制水上栈道

1 园林小品

←人居生态园中的草亭和水车

↓花卉园中的木伞亭和休息桌凳

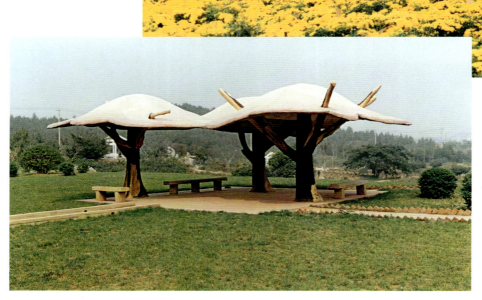

←蘑菇形的休息亭

↑花卉园中的廊架

↑蕨类苔藓园中的木制休息廊架

→密林中的木亭

1 园林小品

↑→江苏省园艺博览会泉山森林公园中的植物廊架和凉亭

↓淮海战役烈士纪念塔园中的廊架

→密林小筑园内的密林猎户小屋及院落，全部采用松圆木等天然材料构筑，与整个景区风格完全一致，于自然之中再添了几分古朴；景区内的坐凳等园林小品也都呈现自然风韵，与密林小屋有着异曲同工之妙

←↑上图为密林小屋及院落，左图为密林小屋局部

↑松圆木制成的坐凳

1 园林小品

欧式园艺展示园中的柱廊和穹顶柱亭

2 水景小品

2 水景小品

↑水墙、落水及宽阔的水池组成的水景极具景观效果（意大利）

↑以神话雕像为主题的喷水池（德国）

←规整式的庭园水景池,一池静水,如银镜一样,周围景物倒映水中,给庭园带来光辉和动感(荷兰)

→瓦杜兹中心教区景园中的涌泉水景池(列支敦士登)

↓城市公园中心的一隅,随形自然的小水塘,水声哗哗,周围花木紧簇,色彩缤纷(奥地利)

2 水景小品

→自然风景式的河塘水景。平缓的堤坡,半野生的禾草,葱郁的林木和质朴的小木桥,组成了自然风致的一景(卢森堡)

→山岩中的落水(卢森堡)

←↓一大两小的水柱喷水水景(卢森堡)

↑ 多头水柱与平面喷射结合的喷泉水景（卢森堡）

→ 教堂前的喷泉（比利时）

← 多束线流喷泉与水池组成的水景（比利时）

2 水景小品

这是一处有着六级跌水,落水层次极为丰富的大型综合性水景(法国)

喷头像一组组榴弹炮管,水流射出如万炮齐鸣,轰击出的水流在空中形成团团水雾,景象壮观奇特(法国)

2 水景小品

以神话故事雕像与喷水组成的水景(法国)

↑古典造型的水池、喷头和对射式喷泉（法国）

→古典式雕像和水池组成的落水水池（法国）

→街头的圆形喷水池（法国）

2 水景小品

↑莲花坛、雕像与喷泉组合的城市水景（泰国）

↑广场上的喷泉水景（德国）

↑著名的特莱维喷泉，属晚期巴洛克风格的作品，由建筑、海神雕像和喷泉瀑布组成了美丽动人的城市景观（意大利）

↑威尼斯河岸花园后的水景（意大利）

2 水景小品

←巨大的水柱在风的作用下飘散,形成水雾并折射阳光,产生梦幻般的彩虹(法国)

←以太阳神阿波罗和他的母亲阿托娜为题材的神话雕塑水景(法国)

↑以埃及历史故事为题材的雕像水景（法国）

←凡尔赛宫橘园内的
圆水池和喷泉（法国）

2 水景小品

吉隆坡城市公园中的几处溪流景观(马来西亚)

↑以荷叶、莲花雕塑为主题的喷泉水池(泰国)

←人工湖中的喇叭花形喷泉,为一泓静静的湖水带来水声和动感(泰国)

2 水景小品

←民居前的泰式园林小水景（泰国）

↓以一叶扁舟为造型的庭园水景（泰国）

↑以叠石、植物、瀑布和落水组成的自然风致的山石水景（韩国）

←道路旁的喷泉、植物水景（韩国）

2 水景小品

大型集中式水雾喷泉,成为城市中引人注目的景观(韩国)

从溪流到水潭之间的两跌级瀑布（韩国）

2 水景小品

↑江苏省园艺博览会中心景观广场中的音乐喷泉

←↑盆景园入口处的山石瀑布水景

↑ 欧式园艺展示园以汉白玉雕塑为中心的喷泉水景

↓ 以小尿童雕塑为题材的喷泉水景

2 水景小品

水禽园中的山石瀑布水景

↑室内热带植物园中的山石瀑布水景

↑化石林中的山石瀑布

←小溪中的落水局部

↑密林园中利用山涧设计的山中小溪

2 水景小品

园博会自然山溪园的中心景观——假山、瀑布、水塘和小溪组成的综合性水景

3 建筑小品

3 建筑小品

釜山海滨水族馆的入口建筑,成为海滩美丽广场上的独特景观(韩国)

釜山海滨水族馆的出口建筑与环境

3 建筑小品

釜山海滨广场上的娱乐中心入口建筑(韩国)

釜山海云台海滩广场上的游客休息廊棚(韩国)

3 建筑小品

↑汉城商业闹市区中的地下餐饮厅入口建筑环境

↑汉城迎宾馆园林中一横跨行车道的桥涵建筑

←汉城青瓦台风景区一庭园的木制休息廊

↓汉城汉江岛路边花园中的木制休息亭

3 建筑小品

→汉城盐仓洞公寓住宅区内的木制长廊

↑盐仓洞公寓住宅区内的金属长廊通道

→盐仓洞公寓住宅区内的地下停车库入口及环境

↑汉城奖忠坛公园内的木制休息廊

↑奖忠坛公园内的公共厕所

3 建筑小品

↑釜山海云台海滨广场上的小品建筑

↓釜山龙头山公园内的观景塔

↑釜山海云台海滨广场餐饮区内的环境小品

↑汉城乐天宫商业区路边的金属林阴廊

↑汉城乐天宫的庭园建筑

→乐天宫庭园内的小咖啡屋

3 建筑小品

汉城乐天宫内的商业建筑

凡尔赛宫后花园中具有古典主义神韵的小木屋

3 建筑小品

↑科隆火车站广场右侧的钢网架帐篷顶建筑（德国）

↑建在水中的阿姆斯特丹民俗博物馆（荷兰）

←巴登·符腾堡州黑森林风景区中的小木屋售货亭（德国）

↓黑森林风景区一停车场的入口建筑（德国）

3 建筑小品

↑耐卡河畔Sagova镇一私家庭园中的木制帐篷顶的餐饮亭（德国）

↑日内瓦联合国总部阿丽亚娜公园内的和平钟亭（瑞士）

←著名的佛罗伦萨维奇奥桥，是佛罗伦萨最古老的一座桥，始建于古罗马帝国时期，后几经修复。老桥为双层廊桥，桥两侧有许多金银和珠宝店铺。可以想像，过去有多少圣贤走过这座桥。据说，大诗人但丁和薄伽丘当年就常在这桥中踱步。老桥古朴的造型和亮丽的色彩也成为佛罗伦萨的标志之一

←↑威尼斯水城的石桥，座座精美，成为威尼斯一道美丽的风景和极具特色的城市环境作品。全城大大小小的几百座石桥虽然形态各异，精巧别致，但其无论长短均同属一个桥型—拱型。因为只有此种类型才适于船只自由通过

3 建筑小品

↑处于威尼斯市中心的里亚托桥是当地石桥中最大、最精美的一座。该桥建于1592年，长48米，宽22米，但桥中间仍只有一个圆拱支撑。桥栏雕饰精细，形态优美，桥面采用连续拱廊。廊内是售卖工艺品和日常用品的传统集市，是一条世界闻名的桥街

→威尼斯——这是世界上惟一的一座既没有机场，更看不到汽车的城市。不论你是达官显贵还是普通游客，都必须在这儿乘船才能进入水城威尼斯。如果你是搭巴士来威尼斯的，那么一定会在这里下车乘船。这里是威尼斯公车总站——罗马广场边的1号水上巴士船的停靠站。图为河岸一个木廊乘船码头

↑威尼斯市中心大运河边的水上"的士"站。左边临河而建的木榭廊是兼作乘船的咖啡厅

↑→威尼斯圣马可教堂钟塔下的敞廊。典型的文艺复兴建筑，古典的柱式和拱券，精致细巧的大理石雕刻，使敞廊成为极具装饰性的城市一景

3 建筑小品

→马来西亚雪兰莪州黑风洞风景区管理处的伊斯兰风格的园中亭

←吉隆坡休闲公园入口处的门卫亭

↑吉隆坡民族英雄纪念碑景园中的门墙装饰

↑吉隆坡休闲公园内的重顶叠檐亭

3 建筑小品

→高耸的尖塔是伊斯兰寺院建筑的重要符号和标志。这个骑墙而建的路边伊斯兰建筑小品，不仅具有鲜明的风格特征，而且具有显著的标志作用（马来西亚）

↓吉隆坡独立广场附近一政府机构庭院中的伊斯兰风格的敞亭

↑新加坡"桃园"公寓住宅的标志墙

↑红色的立面、深绿色门窗和白色檐线构成了鲜艳亮丽的环境景观,大面积的红色在嫩绿色草坪的映衬下,形成了和谐的补色关系,使建筑在城市环境中更加突出醒目。这是新加坡史丹福大道边的城市景观

3 建筑小品

↑新加坡河沿岸克拉克码头度假村入口处的标志墙建筑

→新加坡圣陶沙岛度假村风俗园的石砌入口券门

↑新加坡河沿岸商业步行区街道上的欧式铁花亭

↑泰国清迈一社区医院的标志墙

3 建筑小品

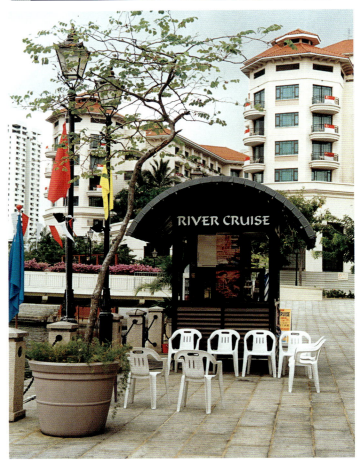

←新加坡河克拉克码头沿岸步行街上的游船售票亭兼售货亭

→新加坡Fullorton酒店开敞式的金属网架餐饮长廊

↑外墙上的漏窗与花坛结合，鲜花盛开，绚丽多彩，成为一个亮丽别致的环境小品（新加坡）

↓公寓式住宅区内的门墙标志和电话亭（新加坡）

3 建筑小品

↑在起伏的园墙中设计一凹入的柱列组合,并在下方设花坛,使花园内外通透,也使园墙极富变化,成为环境中生动优美的一景(新加坡)

↑园墙花坛与白铁花格组成的环境小品(新加坡)

→曼谷海悦酒店游泳池边的户外淋浴亭（泰国）

↓曼谷一私家庭园中的入口长廊局部（泰国）

↑城市园林绿地中的休息亭（香港）

3 建筑小品

汉城民俗博物馆庭院内表现民俗生活的土墙草顶建筑

韩国济州岛民俗村内的几处传统农舍

97

3 建筑小品

釜山海云台自然公园内的动物屋舍(韩国)

←江苏省园艺博览会徐州泉山森林公园展区欧式园艺园内的主体建筑

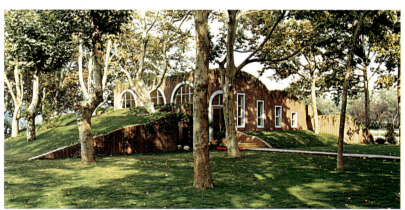

→人居生态环境园内的示范住宅建筑

3 建筑小品

江苏省园艺博览会入口处中心景观广场上的艺术景墙，是广场上的主体建筑，也是整个园区的环境建筑小品。该建筑呈椭圆形，长约40米。景墙高低不一，中部高度3.8米，两侧最低处为3.2米。景墙中部是一座形象突出的浮雕，两边为艺术长廊

4 雕塑小品

4 雕塑小品

佛罗伦萨市政广场上著名的"海神雕像"及喷泉,建于1563年,完工于1575年,由巴托洛米奥和他的助手们合作完成。水池四周有神态各异的青铜雕像,围绕着正中海马拉的双轮战车上立着的白色海神像。海神群组雕像及广场周围的文艺复兴建筑,使市政广场被公认为欧洲最美的广场之一。

佛罗伦萨市政广场东南角维琪奥宫门前的大卫雕像（复制品）

4 雕塑小品

在巴黎的协和广场周围,有八座以法国城市命名的雕像,使得协和广场在法国政治中具有象征意义,并成为巴黎城市中古典主义风格的环境作品

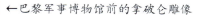
←巴黎军事博物馆前的拿破仑雕像

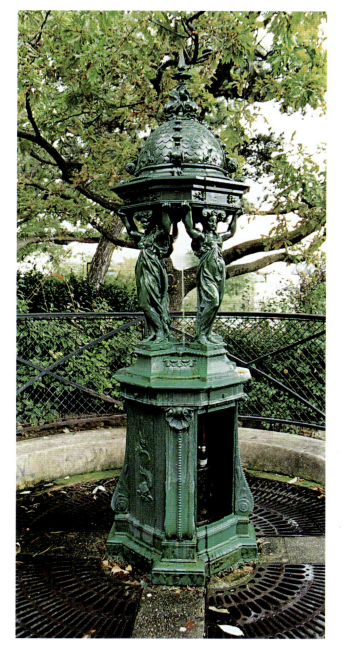
↑巴黎圣心教堂庭院内的铸铁雕塑

↑巴黎凡尔赛城中心广场上的 Hoche 雕像

4 雕塑小品

↑ 巴黎圣母院西景园内以圣母为主题的雕塑

↑ 矗立在巴黎协和广场上的方尖碑，是1836年埃及总督送给法国的礼物，已有三千三百年的历史

→ 塞纳河上亚历山大三世桥左岸桥头立柱上的石狮及镀金展翅飞马天使雕像

巴黎凡尔赛宫后花园水景池周边以神话为主题的青铜雕像

4 雕塑小品

↑巴黎凡尔赛宫林阴大道左侧小花园内的神话群雕，亦是园内四季喷泉之一——"冬"

→凡尔赛宫林阴大道旁的白色大理石诸雕像中的一尊

巴黎凡尔赛宫花园中的几处白色大理石花瓶雕塑

4 雕塑小品

↑法兰克福市中心罗马贝格广场中央的正义女神铜雕像（德国）

↑弗赖堡市中心景园内的牧童骑怪兽雕像

→日内瓦湖滨公园内的瑞士联邦建国纪念雕像

卢塞恩湖岸公园内的青铜雕像（瑞士）

4 雕塑小品

↑瓦杜兹市中心广场边的抽象雕塑（列支敦士登）

→瓦杜兹市中心广场边的钢板镂空雕塑

日内瓦英国公园内的抽象铜雕塑

4 雕塑小品

日内瓦联合国城办公楼花园内的几处青铜雕塑

↑洛桑国际奥林匹克中心庭园内的树桩雕塑（瑞士）

↑国际奥林匹克中心庭园内表现运动的铜雕塑（瑞士）

4 雕塑小品

日内瓦沿湖公园内的几个抽象雕塑

日内瓦沿湖公园内的几个抽象雕塑

←海德堡大学校园内的水景抽象雕塑（德国）

→法兰克福歌剧院广场上的不锈钢柱组合雕塑

4 雕塑小品

←↑科隆莱茵河北岸绿地上的木雕（德国）

↓法兰克福市中心歌剧院广场上的木结构雕塑（德国）

←法兰克福歌剧院广场绿地上的青铜雕像

↓科隆金融区小广场上的金属球体雕塑

4 雕塑小品

阿姆斯特丹市中心广场上的雕塑（荷兰）

↑阿姆斯特丹一校园的抽象铜雕塑

↑阿姆斯特丹市中心DAM广场纪念二战胜利的纪念碑及雕塑

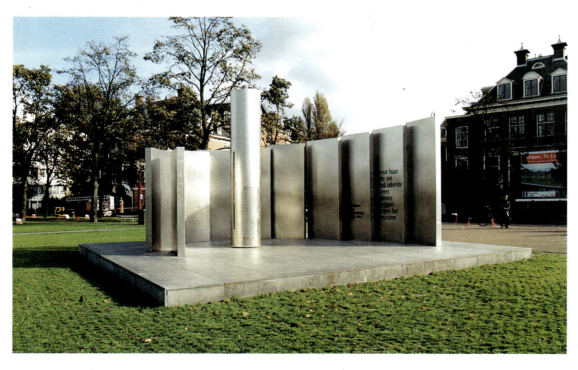

←阿姆斯特丹市中心广场上的二战死难者纪念雕塑

4 雕塑小品

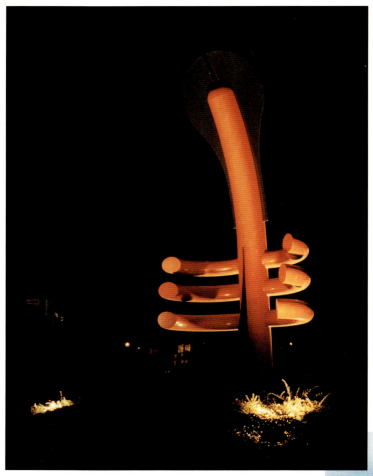

←布鲁塞尔原子球博物馆前的抽象环境雕塑（比利时）

→卢森堡大峡谷自然公园里的环境雕塑

↑吉隆坡湖滨公园内的现代环境雕塑

←↑汉城汉江岛金融区的现代环境雕塑

4 雕塑小品

→汉城街边的抽象石刻雕塑

→汉城迎宾馆前庭园中的石刻雕塑

→汉城汉江岛一写字楼前花坛中的铜雕

汉城汉江岛一政府机构办公楼前的铜雕塑,上图为雕塑所处的环境,下图为雕塑正立面

4 雕塑小品

→釜山海云台度假村后庭园中的木雕和石雕(韩国)

↑海云台度假村前庭园中的喷泉石雕

↓釜山海滨大道旁一写字楼前的石雕群

←釜山海云台海滨广场上的圆铜盘青铜雕塑，下部石碑上记录着海潮的涨落及海水水温的四季温差

↑海滨广场上不锈钢与几何形石块组合雕塑

←海云台海滨广场上记载附近海域历史情况的石雕碑

4 雕塑小品

→釜山海云台海边石礁上的美人鱼青铜雕像

←↑釜山龙头山公园中的抗日英雄纪念碑雕塑

←↑ 釜山龙头山公园内青铜龙雕塑

↑ 釜山海滨大道旁一写字楼前的石刻与青铜浮雕组合雕塑

4 雕塑小品

↑一跨国公司釜山总部大楼前的不锈钢与花岗石组合雕塑

←↑釜山一体育俱乐部办公楼前的铜雕塑

↑汉城新世界广场中央的雕塑群

→新世界广场边的人体抽象石刻雕塑

4 雕塑小品

←汉城一政府机构办公大楼前的巨型钢结构环境雕塑

←汉城汉江大道路边花园中的母子乐铜雕塑

→釜山龙头山商业街环岛上的铜雕塑

汉城乐天大世界庭园中以运动和音乐为主题的铜雕塑

4 雕塑小品

↑济州岛一商业区路旁的"母子情"石雕

↑↓济州岛的"海女"石雕像

↑济州岛上的民间"佑神"石雕像

↑济州岛海边礁石上以民间传说中的"海女"为题材的石刻雕塑

←济州岛民间崇拜的法力无边的"女将军"木雕

4 雕塑小品

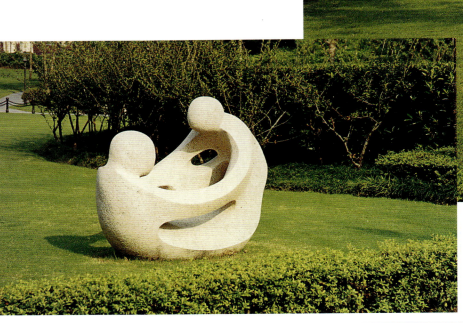

上海的几个城市环境雕塑实例

上海某大厦前以"情"为寓意的环境石刻雕塑

4 雕塑小品

←↓上海一写字楼前寓意明确的环境雕塑

↑江苏省园艺博览会水禽园中的雏鸟与禽卵雕塑

5 城市环境小品

5 城市环境小品

→巴黎戴高乐广场凯旋门下的第一次世界大战阵亡将士纪念碑和不息的火炬

→巴黎军事博物馆后的一处历史纪念墙及花坛

→巴黎市政广场上地下行人通道的入口

↑位于布鲁塞尔市北郊的原子球博物馆，其外形是放大了2000亿倍的金属铁的结构晶体。结构晶体由9个直径为18米的银白色金属圆球组成，每个球代表一个原子，球间以铁管相连。它是布鲁塞尔著名的三大景点之一

↑巴黎市中心一商业区内的一街角小环境

←卢森堡金融大街一银行门前花坛

5 城市环境小品

↑阿姆斯特丹市中心广场绿地上的碟式大花盆与红金属柱组成的环境小品

←阿姆斯特丹郊区牧场草地上的风车

←法兰克福罗马贝格广场上的碑塔

↓罗马贝格广场前商业步行街小广场上的碑塔

↑城市街角上的饮水洗漱坛（德国）

5 城市环境小品

↑ 卢塞恩市中心罗伊斯河边的碑塔水池（瑞士）

→ 日内瓦老城区湖滨大道路边花园内供饮用洗漱的大理石立柱铜盆

← 卢塞恩市政广场上供饮用洗漱用的石刻坛

↑日内瓦老城区路边供饮水洗漱的带石柱塔的花坛式水池

↑威尼斯老街上的水井坛

↑卢塞恩老城区湖边广场上的圆石坛

5 城市环境小品

↑佛罗伦萨圣十字广场上带碟形花盆,集观赏和实用于一体的鸟浴坛,下方附有洗手盆

↑佛罗伦萨但丁故居入口处的石墙装饰

→佛罗伦萨街道上的十字石柱

威尼斯火车站附近一道路环岛上的海难纪念园

5 城市环境小品

←佛罗伦萨圣十字广场上的灯柱、长石凳和圆石柱

↑铁花灯柱和石凳局部

←广场上的圆石柱

←罗马圣彼得广场上文艺复兴石刻水池和喷泉

←罗马威尼斯广场上依曼努尔二世纪念堂右前方与石墙融为一体的雕像落水池

←因斯布鲁克郊外水晶世界景园中用水晶装饰眼、鼻和口的人面像景观

5 城市环境小品

↑洛桑奥林匹克中心总部大楼周围景园中的石景

←↑总部大楼一侧以蒿草为主布置的环境小品

↑吉隆坡市中心街边以热带植物树干及其果实制作的城市环境小品

←↑新加坡城新加坡河沿岸的石柱铁链、灯柱和救生圈组成的小品，成为城市环境的一景

5 城市环境小品

↑新加坡Meyer路广场入口处的标志木牌,告知路人已进入了广场绿地境界。木牌造型朴素大方,以简洁为美,成为环境中的一景

↑闹市区一写字楼前的组合园景

←黄色钢管组成了路边墙角一景，其实这是汉城一高层建筑地下室的通风口

↑汉城青瓦台一庭园内兼作休息椅的花坛

↑汉城大世界广场边一建筑前的墙体组合造型

5 城市环境小品

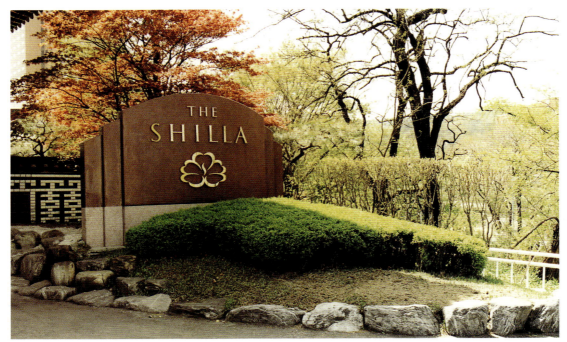

↑汉城迎宾馆主入口一侧的标志牌小景,环境简洁优雅

→汉城一金融机构楼前的环境小品

→汉城一公司办公楼前一景

↑汉城世界杯足球赛主会场外的木制花坛

←↑主会场外人行道上的落地花坛

5 城市环境小品

↑用于遮挡建筑入口的金属网隔墙,它与建筑立面平滑的现代风格相一致,且有很强的韵律感

↑汉城汉江岛一写字楼前与消防设施结合在一起的花坛

↑绿色的圆柱体笼形金属物与花坛植物协调一致,成为一个独特的环境小品。其实它是地下建筑的通风口

↑釜山海滨度假村入口处的环境设计

↑釜山海滨大道边一政府办公大楼前的环境设计

←古典式的列柱间布置连续的白色大理石雕像，在楼前花坛翠绿植物的衬托下，组成了一个典雅优美的城市环境景观（韩国·釜山）

5 城市环境小品

↑釜山海滨大道旁一写字楼前的山石小品

↑海滨大道路边绿地上的金属管环境小品

↑海滨大道路边的环境小品

←红色的金属廊架和象征树干树枝的黑金属圆柱,掩映在葱郁的树丛中,成为城市环境的一景(韩国)

↑围墙石柱上的白色动物雕像与墙柱、栅栏和花坛组成了一个线型景观(韩国)

↓园内的树冠、园墙和墙外花坛形成了一个整体的城市环境景观(韩国)

5 城市环境小品

←↑汉城乐天大世界横跨交通干道的人行天桥,鲜艳亮丽的色彩,曲线形的路边花坛,为城市环境增添了一道优美的景观

→乐天大世界庭园中的水井式水景小品

↑→乐天大世界路边石墙、花坛、铁花灯柱和招牌等组成的环境景观

←汉城青瓦台一庭园路边以石灯笼为中心布置的环境景观

5 城市环境小品

↑汉城光化门外广场上的石列柱

↓商业闹市区路边石列柱与石花坛

→墙龛及杯坛装饰

汉城华克山庄娱乐广场上的光环境小品

6 石艺小品

6 石艺小品

汉城汉江大道边的石艺环境小品

汉城市中心绿地中以石为主题布置的环境小品

6 石艺小品

汉城光化门外广场上以石为主题布置的环境小品

汉城迎宾馆庭园中的以石为主题的环境小品

6 石艺小品

汉城迎宾馆的几处石艺小品

→釜山龙头山公园入口处的石艺碑牌

↑釜山海滨大道山水石景小品

→釜山龙头山公园内安装自来水龙头的石艺小品

6 石艺小品

←↑汉城景福宫内的石亭坛

↓景福宫内以卧狮石刻为立柱的碟形洗手台

↑石塔

→釜山海云台海滨浴场竣工纪念石

→与纪念石相呼应的一组石景

→由山石、花盆组成的树池小景

6 石艺小品

↑→海云台海滨浴场上用石板组成的石艺环境小品，上面记录着开工、竣工日期及设计、施工者的单位名称

←海滨浴场沙滩一个入口处的石艺小品

↑釜山海云台度假村内以石灯笼为主题布置的小花坛

→济州岛龙头岩风景区内以石狮为标志的洗手水台

←济州城区一路边以石为景的街角

6 石艺小品

←济州龙头岩风景区内用海礁石堆砌的石墙小景

↑龙头岩风景区入口处的石堡门柱

←景福宫内的传统石冢与木图腾组成的环境小品

↑汉城大世界广场边石刻墩柱

↓路边的石艺小景

↑典型的韩国传统风格的石灯笼,成为韩式园林的标志

6 石艺小品

↑汉城奖忠坛公园内路边小石景

↑汉城光化路边的松石小景

←在现代都市环境中，有乡村情调和民俗文化气氛的石砌家畜圈、石磨和马槽等，具有特殊的景观效果

↑ 芭堤雅东芭植物园内的石阵作品(泰国)

→ 东芭植物园中以石为主题的景观小品

6 石艺小品

↑泰国九世王御苑中的石景

←↑上海浦东城市景园中的石景

←这是江苏省园艺博览会岩石园入口处的岩石小景

←岩石园内以石艺为主题的石景布置

←与蕨类植物、地被植物和灌木共同组成的石景

6 石艺小品

→岩石园中的一处石艺组合

↑具有犀牛的形态和力量感的灵壁石景

←用灵壁石叠筑的石艺小景

←鲜花、绿茵中的卧牛石景

←昂首翘望的石景

←竹林园入口处的灵璧石景

6 石艺小品

←岩石园中的叠山石景

↑叠石小景

↑对置的岩石石艺小景

←漏、通、透的太湖石小石景

这是江苏省园艺博览会的木化石林，由100多株木化石组成，再现了中生代侏罗纪时期的自然景观。

耸立于这里的木化石仍保有树的形态，树木年轮、树皮纹理清晰可见。这些树木在成为化石前是具有200年树龄的松柏树，后由于地壳运动或被火山熔岩所掩埋，亿万年后硅化成石，形成了与石头一样的木化石。

↑化石林入口处的园碑石景

←↑木化石不仅具有粗犷、流畅的形态美，而且还有一般岩石所没有的独特质感。此外，还有极高的考古、科研和收藏价值。步入"林"中，到处弥漫着亘古、清幽的自然氛围

6 石艺小品

化石林中的木化石主要来自辽宁、新疆、内蒙古等地。这是园中的几处木化石景观

木化石多呈现黄色和白色，但也有少数呈现独特的绿色。右图中展现的是目前世界上较大的绿色木化石品种。这些绿色木化石在上亿年的硅化过程中，树身渗入了大量的铜元素，经与空气中的氧气产生化学反应，最终呈现出翠绿色或墨绿色

7 灯箱、招牌及灯柱

7 灯箱、招牌及灯柱

巴洛克风格的建筑立面点缀着风格相同、精巧典雅的铁花招牌和灯箱,既使建筑锦上添花,又起到醒目的广告作用(奥地利)

↑ 巴洛克式的铁花灯架和小巧玲珑的招牌灯箱（奥地利）

→ 皇冠造型的铜制悬挂招牌，支架上标明的年代显示了该店的悠久历史（奥地利）

7 灯箱、招牌及灯柱

↑因斯布鲁克街道上一酒店的招牌式壁灯（奥地利）

↑水巷旁码头边的铸铁装饰灯柱（意大利·威尼斯）

↓新加坡河岸步行街一老字号夜总会门柱上的招牌式壁灯

巴黎协和广场四周的巴洛克风格的灯柱

7 灯箱、招牌及灯柱

↑黑森林旅游区一山区小镇街道上的告示牌及灯柱（德国）

↑巴黎市政广场上的四头灯柱（法国）

↑法兰克福步行商业街中央的装饰灯柱（德国）

↑卢塞恩湖岸花园中的铁塔式灯柱（瑞士）

↑阿姆斯特丹郊区一田园住宅区的路灯（荷兰）

↓法兰克福歌剧院广场雕塑水景边的大型灯柱（德国）

7 灯箱、招牌及灯柱

↑卢森堡皇宫景园中的巴洛克式灯柱

←法兰克福商业步行街上的现代风格的灯柱（德国）

→法兰克福皇后酒店花园中的白色铁花灯柱（德国）

←弗赖堡老城区街道上的照明灯及灯柱（德国）

↑芭堤雅海悦大酒店入口处的招牌灯箱（泰国）

←卢森堡大峡谷自然公园阿道夫大桥入口处的旅游景点指示牌

7 灯箱、招牌及灯柱

←比利时与卢森堡边境检查站的招牌

↑芭堤雅一商业中心的灯箱招牌（泰国）

→汉城一跨国公司办公楼前的灯箱招牌

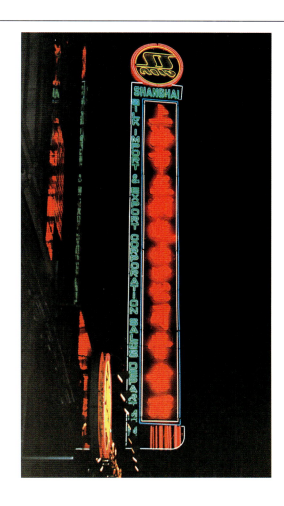

←↑上海南京路上的几处霓虹灯招牌

↑一束高高悬挂的彩灯，立在路边，成为一个无言而醒目的招牌

7 灯箱、招牌及灯柱

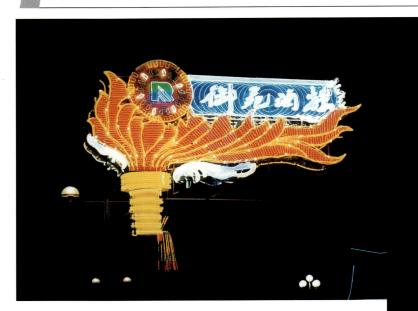

造型独特,昼夜两用的霓虹灯招牌

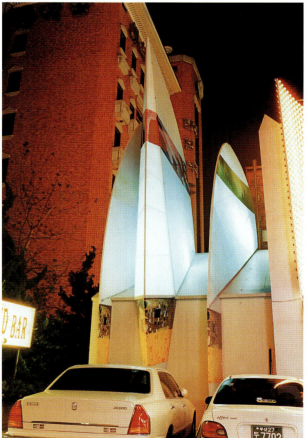

城市中的几处具有景观效果的商业招牌（韩国）

7 灯箱、招牌及灯柱

↑ 芭堤雅金海岸大酒店入口处的飞机模型招牌,极具视觉冲击力(泰国)

↑ 汉城市中心一加油站的灯箱招牌

← 釜山一商场的灯箱招牌

8 室内小品

8 室内小品

→酒店大堂圆形布置的沙发中心设计成虬劲挺拔的松桩盆景（韩国）

↓釜山海云台度假酒店大堂中具有民俗风韵的园林小品（韩国）

汉城国际机场候机大厅中以韩国民俗生活为题材的园林小品

8 室内小品

↑汉城华克山庄餐饮街日本料理门前街角处的和风小品（韩国）

←↑华克山庄内的两处室内陈设小品

←华克山庄酒店大堂布座区的室内陈设小品

↑汉城景福宫贵宾接待厅内旳柳编插花小品

←汉城国宾馆接待大厅的墙壁浮雕

207

8 室内小品

↑汉城 Riotourist 酒店大堂内的陈设小品

↑大堂入口处的铜雕塑

← 日内瓦 Chavannes 酒店餐厅的立柱陈设小品

↓ 具有传统韵味的墙面陈设小品

8 室内小品

↑因斯布鲁克 Alpinpark 酒店楼梯转角平台上的陈设（奥地利）

→楼梯转角处的古旧家具陈设

←科隆一家精品商店入口门厅一角的陈设小品(德国)

→巴黎 Mecore 酒店圆形单元式茶座的陈设环境

←Mecore 酒店大堂内极富艺术创意的酒店接待台

8 室内小品

←北京亮马河大厦中式餐厅内的山水水景

←北京王府饭店大堂自动扶梯间的瀑布水景

←北京天伦王朝饭店玻璃顶大厅内的"天柱山"山石水景

江苏一大型商场内的山石、水景小品

8 室内小品

←上海浦东机杨二层国际候机大厅内的电话亭

↓国际候机大厅内供儿童玩耍的娱乐设施

薛健环境艺术设计研究所简介

该研究所是薛健建筑装饰设计事务所从事专业学术研究的机构，由著名设计师及工程施工专家薛健教授牵头，由五所专业院校、十几个设计院所的二十余名专家学者、设计师组成，属非营利性的专业学术研究所。该所旨在研究总结中国环境艺术的理论与实践经验，大力促进中国环境艺术理论与施工作业水平的提高。该所已经编著出版了二十余部具有权威性的设计与施工指导性专著，完成了几十项大型工程和十几项标志性的国家工程项目，积累了丰富的设计施工经验，取得了丰硕成果，特别是创新了许多规范性的装修施工作法，并已被广泛应用。

研究所主要业绩：

主要学术成果　自1990年以来，先后编著出版了环境艺术与园林景观专业各方面著作二十余部，发表论文八十余篇。其中主要有历时3年集体编著的我国环境艺术设计领域第一部百科全书《装饰装修设计全书》（建工版），装饰装修指导性工具书《装饰工程手册》以及个人专著《装修构造与作法》、《现代室内设计艺术》、《日本环境展示艺术》、《家具设计》、《易居精舍》和《国外建筑入口环境》、《室内外设计资料集》等。目前与美国和欧洲的十几家有影响的设计机构（事务所）和专业院校建立了学术交流与协作关系。

主要设计作品　十多年来，先后设计完成（或参与完成）了几十项大型工程的设计与施工，其中主要有北京光大购物商场室内设计、北京紫竹饭店室内装修设计、北京云岫山庄古建筑装修设计、北京长城饭店分店装修设计与施工、人民大会堂山东厅装修设计、北京中国大剧院室内装修设计、中国国际贸易中心商场室内设计、北京亚运村宾馆室内装修设计、山东齐鲁宾馆室内装修设计、舜耕山庄装修改造设计与施工、山东润华世纪大酒店装修设计与施工、山东万博大酒店装修设计与施工、济南贵友大酒店装修设计、济南中银大厦装修设计、中国驻波兰大使馆室内设计、南京金谷大厦室内设计、南京鸿运宾馆室内设计、南京鼓楼商场装修设计、江苏食品大楼室内外设计与施工、徐州银河乐园室内装修设计与施工、湖南泰之岛广场商场室内设计、湖南芙蓉宾馆改造装修、江西铜鼓宾馆室内设计、长沙地税局大厦装修设计、兰州植物园规划设计、北京雾灵山森林公园规划设计等等。

薛健环境艺术设计研究所
地　址：江苏徐州南郊泰山村8-021号（中国矿业大学西侧500米）
通　迅：江苏省徐州市邮政信箱第66号　邮编：221008
电　话：(0516) 3882446　13013939491
E-mail: Xjworks@pub.xz.jsinfo.net